种子

如何长成向日葵

[英]大卫·斯图尔特◎著

[英]卡洛琳·富兰克林◎绘

岑艺璇◎译

吉林科学技术出版社

目 录

头状花序

花瓣

大黄蜂

茎

瓢虫

什么是向日葵？

向日葵是一年生植物，它长得很高，茎长而粗，有一个大的、黄色或橙色的头状花序。向日葵需要大量的阳光和水分来帮助它生长。

4

茎

5

什么是种子？

在葵花子中，孕育着一棵新的微型植株并储存着一些养分。种子的坚硬外壳被称为种皮，在寒冷的冬季，种子被埋在地下。

土壤中含有矿物质，这些是帮助植物生长的特殊物质。

虫子

到了春天，温暖的阳光
和雨水使种子开始生长，这
称为发芽。

种皮

种子

把这一页举到灯
光下观看种子发芽的
过程。

虫子

种皮裂开

8

在春天会发生什么？

当春季气温变暖时，坚硬的种皮会裂开，第一条根从种皮内伸出来，然后扎到土壤中，此后不久就会开始发芽，随着嫩芽在土壤中向上生长，种皮会被带起来。

根————

土壤

9

根的功能是什么？

从第一条根处开始长出须根，它们从土壤中吸收矿物质和水分来给植物提供养分，一旦嫩芽穿出土壤，就会长出两片称为子叶的小绿叶。

瓢虫

种皮

子叶

嫩芽

种子内储存的养分有助于
植物生长，隐藏在子叶之间的
嫩芽将种皮推开。

须根

11

雨滴

为什么向日葵需要水分？

随着向日葵幼苗逐渐长高，会生出更多的叶子，叶子利用空气、水分和阳光为植物制造养分，此过程称为光合作用。

瓢虫

根

叶子

茎

嫩芽形成后，根长得更长，并向土壤更深处生长。这样不但更易吸收土壤中的水分，还有助于使向日葵保持稳定。

蜗牛

13

向日葵能长多高?

问 向日葵大约需要13周来完成生长，一些向日葵可以长到3米以上，主根可以到达地下3米处。

植物自己能制造养分，叶子吸收阳光、空气和水分，然后制造出有机物来供植物生长。

15

瓢虫

什么是花蕾？

在茎的顶部有一个花蕾，花蕾整日朝向太阳，当植物几乎长成时，花蕾就会开放，花蕾里面有一个头状花序。

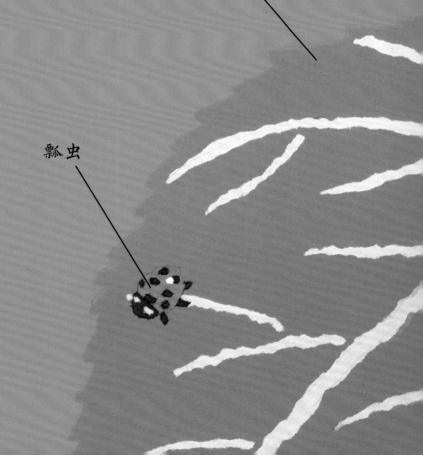

叶子

瓢虫

花的主要任务是繁殖，结出果实，以确保明年长出新的植被。

头状花序

花蕾

茎

瓢虫

17

向日葵的头状花序能长多大？

头状花序可以长到比餐盘还大。大大的黄色的花瓣环绕着它，使其变得更大。白天，它的花瓣张开，到了晚上，花瓣折叠起来并合上。

大而圆的头状花序由许多小花组成，每朵小花都会结出新的向日葵种子。

黄色的花瓣

叶子

虎蛾

头状花序

大黄蜂

瓢虫

19

蜜蜂

嗡嗡

花粉囊

花粉粒

为什么向日葵需要昆虫？

向日葵头状花序内有花蜜，蜜蜂和其他昆虫会到其中采花蜜。向日葵头状花序上也有花粉，蜜蜂采花蜜时会沾上黏性的花粉粒。当蜜蜂从一株向日葵飞到另一株向日葵时，它们就将花粉带了过去，这被称为授粉。向日葵需要授粉才能产生新的种子。

蜜蜂

瓢虫

　　蜜蜂需要花粉作为食物，一些蜜蜂用其毛茸茸的身体收集花粉，并将花粉放进腿上的黄色袋子里，这个袋子叫作花粉囊。

21

头状花序

种子

瓢虫

种子如何被带到很远的地方？

当向日葵成熟时，鸟儿会啄食头状花序上的种子。有些种子被鸟儿吃掉或带走了，有些种子则被风吹走了。

22

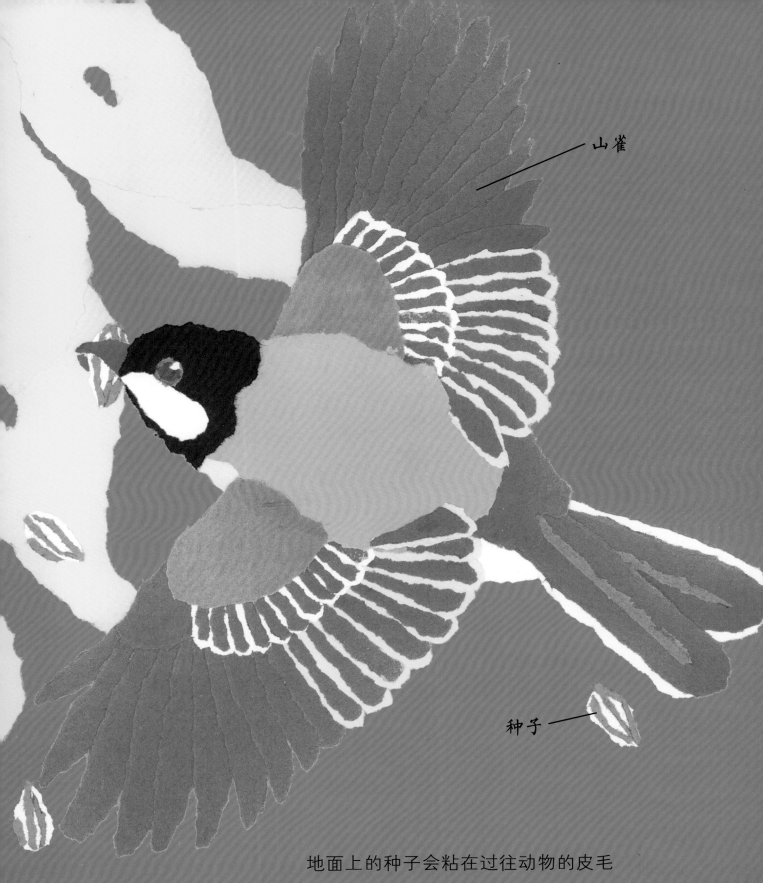

山雀

种子

地面上的种子会粘在过往动物的皮毛上，这些种子可能会被带到很远的地方。

23

在秋天会发生什么?

到了秋天，向日葵就枯萎了，没有被食用或带走的种子掉落在地上。到了第二年的春天，许多种子将长成新的向日葵。

瓢虫 ——

麻雀

种子

虽然鸟儿会吃掉一些种子，但是它们还会散播一些种子，这样就可以长出新植被，这对鸟类和植物都有好处。

25

与向日葵有关的一些知识

向日葵种子长约1厘米。

向日葵的头状花序可以长到40厘米宽。

向日葵的叶子是心形的，它们约20厘米宽，30厘米长。

向日葵最初是由美洲原住民种植的。

大多数向日葵都生长在北美和南美。

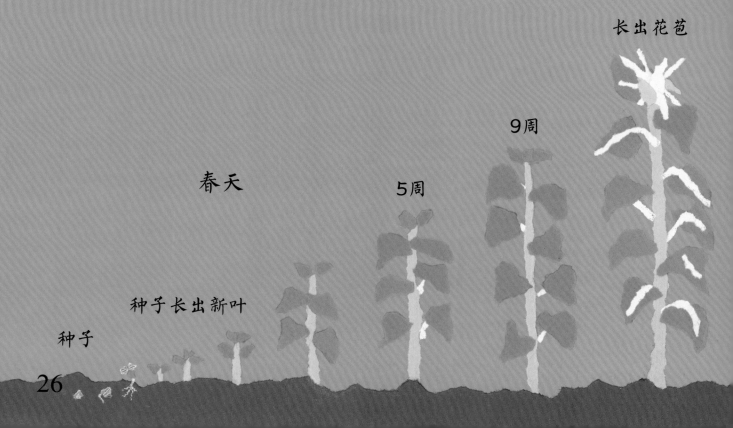

长出花苞

9周

春天

5周

种子长出新叶

种子

葵花子于1510年从美国被带到西班牙。

大约200年前，农民开始将种子压碎，制成葵花子油。

葵花子油可用于烹饪，种子也很好吃。

加工后剩下的碎渣可用作动物饲料。

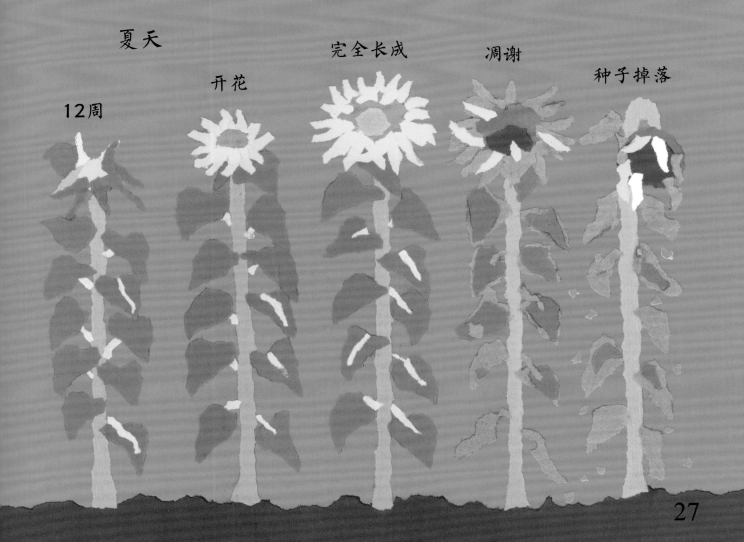

秋天

夏天

完全长成

开花

凋谢

种子掉落

12周

做做看

亲自种一棵向日葵

你需要：

一个空的酸奶罐

食用葵花子

卡片

铅笔

花土

1.将酸奶罐装满土壤。

2.用手指在土壤上挖一个洞（约3厘米深），然后放入一颗种子。

3.用土壤盖住种子，放上附有日期的小卡片。

4.将酸奶罐放在阳光充足的地方并经常浇水，注意不要让土壤太干或太湿。

5.当植株至少有4片叶子时，将其小心地移到室外的土壤中。

6.每周测量向日葵的高度。

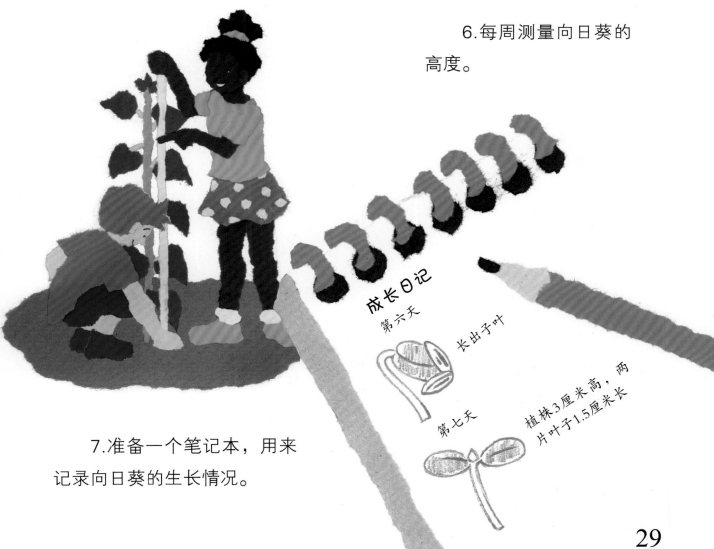

7.准备一个笔记本，用来记录向日葵的生长情况。

成长日记

第六天

长出子叶

第七天

植株3厘米高，两片叶子1.5厘米长

向日葵的
生命循环

准备发芽
的新种子

鸟类传
播种子

开始
长出根

开始长
出嫩芽

种子
掉落

长出
叶子

长出头
状花序

长出花蕾

做做看

看看向日葵是否
总是朝向太阳

你需要：

一株向日葵

（在花瓣打开之后）

一个晴天

钟表

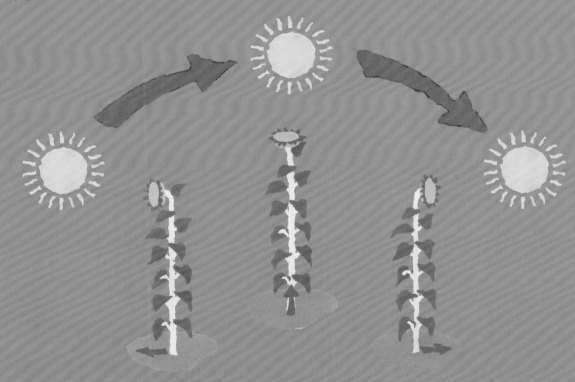

记录一天中不同时间的太阳位置。

每次注意观察向日葵的朝向。

吉林省版权局著作合同登记号：
图字 07-2020-0065

图书在版编目（CIP）数据

种子如何长成向日葵 ／（英）大卫·斯图尔特著 ；
岑艺璇译. -- 长春 ：吉林科学技术出版社，2021.8
ISBN 978-7-5578-8086-6

Ⅰ. ①种… Ⅱ. ①大… ②岑… Ⅲ. ①向日葵—儿童
读物 Ⅳ. ①Q949.783.5-49

中国版本图书馆CIP数据核字(2021)第103263号

种子如何长成向日葵

ZHONGZI RUHE ZHANGCHENG XIANGRIKUI

著　者	［英]大卫·斯图尔特
绘　者	［英]卡洛琳·富兰克林
译　者	岑艺璇
出 版 人	宛　霞
责任编辑	杨超然
封面设计	长春美印图文设计有限公司
制　版	长春美印图文设计有限公司
幅面尺寸	210 mm×280 mm
开　本	16
印　张	2
页　数	32
字　数	25千字
印　数	1-6 000册
版　次	2021年8月第1版
印　次	2021年8月第1次印刷

出　版	吉林科学技术出版社
发　行	吉林科学技术出版社
地　址	长春市福祉大路5788号
邮　编	130118
发行部电话/传真	0431-81629529　81629530　81629531
	81629532　81629533　81629534
储运部电话	0431-86059116
编辑部电话	0431-81629518
印　刷	吉广控股有限公司

书　号	ISBN 978-7-5578-8086-6
定　价	22.00元